Titolo: Grafene, il materiale delle meraviglie

Autore: AA. VV.

Copyrighy © 2021 FREE2READ

© 2021 Edizione FREE2READ

*"Non oso cercare di prevedere il futuro, ma vedendo la velocità dei progressi fatti degli ultimi dieci anni, possiamo aspettarci di vedere presto il grafene ovunque"*

- Andrei Geim

# INTRODUZIONE

Il grafene, scoperto quasi per scherzo, è un materiale straordinario con caratteristiche uniche, ma ancora poco noto.

Sottilissimo e resistentissimo, potrebbe presto rivoluzionarie tutto il settore dell'elettronica, delle energie verdi e di molti altri settori con applicazioni che non riusciamo ancora ad immaginare completamente.

Per la comunità scientifica è quasi una leggenda e qualcuno lo ha ribattezzato il materiale delle meraviglie o, ancora, il "materiale magico" del 21° secolo.

La sua scoperta ha portato un così grande trambusto nei laboratori di tutto il mondo che non passa settimana che non vengano trovate nuove applicazioni o proprietà del grafene. Da qui nasce l'impossibilità di raccogliere in un libro tutto quello che sarebbe interessante sapere di questo materiale.

Infatti, le continue scoperte e l'enorme mole di dati che progressivamente vengono rese disponibili sull'argomento potrebbero riempire molti volumi di un'enciclopedia.

Quindi, in questo libro di carattere divulgativo, abbiamo pensato di raccogliere una sintesi che, per quanto incompleta e in divenire, potesse servire a dare un'idea di cosa è davvero il grafene e di quanto grandi siano le sue potenzialità di cambiare la vita di tutti noi in un futuro ormai prossimo.

Inoltre, abbiamo pensato di offrire anche qualche orientamento per gli investitori più curiosi e alla ricerca di nuove opportunità nei settori emergenti.

Perciò troverete una serie di utili informazioni circa la grafite, la materia prima indispensabile per ricavare il grafene.

Gli Autori

# UNA SCOPERTA STRAORDINARIA, QUASI PER GIOCO

Non è una leggenda. Il grafene è stato proprio scoperto quasi per gioco, grazie a due oggetti di uso comune: una matita e un nastro adesivo.

Il modo casuale in cui è avvenuta la scoperta di questo materiale meraviglioso che promette di trasformare il futuro di tutti noi, così come la sua importanza, porta alla mente niente di meno che la scoperta della penicillina di Alexander Fleming. Ma il paragone che forse meglio spiega la portata rivoluzionaria del nuovo materiale è quello della scoperta, avvenuta circa 100 anni fa, dei polimeri. Anche se all'epoca ci volle del tempo prima che i polimeri entrassero nella vita quotidiana delle persone con la plastica, è stato un grande passo in avanti per tutta l'umanità.

Ma torniamo al nostro secolo quando, nel 2004, tutto ha inizio...

Due sconosciuti scienziati nati in Russia ma residenti nel Regno Unito e ricercatori presso l'Università di Manchester, avevano preso la bella abitudine di finire la settimana lavorativa trascorrendo alcune ore a sperimentare nuove idee in laboratorio. Era un venerdì pomeriggio e Andrei Geim e il suo studente Konstantin Novoselov stavano "giocando" con delle scaglie di grafite di carbonio (quella che si trova in una comune matita), per indagare sulle sue proprietà elettriche. Cercando di ottenere scaglie più sottili si sono aiutati, per scherzo, con un nastro di scotch adesivo. Staccando uno strato di grafite dal blocco originale con il nastro adesivo e ripetendo questa operazione, sono riusciti ad ottenere uno strato dello spessore di un atomo, una forma bidimensionale di grafite.

Avevano scoperto il grafene, un nuovo materiale dalle straordinarie proprietà. Con lo spessore di un singolo atomo è flessibile, duro, trasparente, straordinariamente leggero e il miglior conduttore elettrico.

Dieci volte più forte dell'acciaio e, se usato come conduttore, con il potere di dissipare molta meno energia di un tradizionale chip impiegato negli attuali computer.

La scoperta è così rivoluzionaria che, nel 2010, Andrei Geim e Konstantin Novoselov vengono insigniti con il Premio Nobel per la fisica.

Tra l'altro, il "metodo dello scotch" si è dimostrato semplice ed efficace, tanto che lo studio di questo materiale è cresciuto molto rapidamente.


Il grafene è il materiale più sottile e più resistente che la scienza conosca, oltre ad essere estensibile, conduttivo, otticamente trasparente e con proprietà elettroniche molto particolari.

Secondo una definizione ufficiale, quella della IUPAC (Unione internazionale di chimica pura e applicata), "uno strato singolo di atomi di carbonio ordinati secondo la struttura della grafite può essere considerato come l'elemento finale della serie naftalene, antracene, coronene, ecc. e la parola grafene va quindi utilizzata per indicare gli strati singoli di carbonio all'interno dei composti della grafite. Il termine strato di grafene è comunemente utilizzato all'interno della terminologia del carbonio."

I suoi impieghi potenziali sono illimitati. Da nuovi dispositivi flessibili da indossare come un abito, a nuove generazioni di computer piccolissimi, a pannelli solari iper-efficienti, a telefoni cellulari super-veloci.

Poiché il carbonio è l'elemento base della vita, il grafene potrebbe essere il motore di una nuova rivoluzione industriale basata su componenti elettronici biodegradabili e totalmente sostenibili. Se esisterà mai un materiale da costruzione per l'economia verde, il grafene sarebbe il primo candidato. Il governo britannico ha subito investito circa 89 milioni di dollari per creare il National Graphene Institute (NGI). Qui, i due scienziati Andrei Geim e

Konstantin Novoselov stanno lavorando alacremente per rivoluzionare gran parte delle tecnologie che conosciamo e naturalmente, per sfruttare commercialmente i risultati della loro sorprendente scoperta.

Gli esperti di materiali strategici lo hanno subito ribattezzato come il "materiale delle meraviglie", un nome significativo che richiama alla mente le più importanti della storia dell'umanità, come per esempio la scoperta della plastica o la scoperta dell'energia elettrica, solo per rimanere alla storia degli ultimissimi secoli.

Anche se non è ancora noto al grande pubblico, nei laboratori di tutto il mondo l'entusiasmo degli scienziati è alle stelle e facilmente riassumibile in pochissime parole: il grafene è 200 volte più resistente dell'acciaio, è più sottile di un foglio di carta e conduce più elettricità del rame! Avendo un elevato rapporto resistenza-peso, è il materiale perfetto per essere utilizzato nelle automobili, nei missili, nelle imbarcazioni, negli aeroplani e altro ancora.

I ricercatori in tutto il mondo stanno lavorando alacremente per essere i primi ad arrivare a qualche nuovo impiego redditizio.

Per esempio, gli ingegneri della Northwestern University, negli Stati Uniti, hanno costruito un elettrodo di grafene che permette agli ioni di litio di immagazzinare dieci volte più potenza e con un tempo di ricarica dieci volte minore, rispetto ai materiali tradizionali.

Secondo qualcuno, i gadget che verranno realizzati con il grafene, faranno sembrare oggetti come l'iPhone o il Kindle dei giocattoli appartenenti all'età del vapore.

L'esercito israeliano sembra stia già realizzando missili invisibili, impiegando grafene.

Gli scienziati dell'Università del Texas, hanno realizzato il prototipo di una specie di mantello invisibile, riscaldando un foglio di grafene con elettricità.

Ma l'elenco delle applicazioni rese possibili da questo materiale delle meraviglie continua ad allungarsi settimana dopo settimana e, qui di seguito, troverete un assaggio di cosa si può e si potrà fare con il grafene.

# LE NOSTRE VITE CAMBIERANNO...

"Non oso cercare di prevedere il futuro, ma vedendo la velocità dei progressi fatti degli ultimi dieci anni, possiamo aspettarci di vedere presto il grafene ovunque. In genere, ci vogliono almeno 40 anni affinché un nuovo materiale riesca a uscire dai laboratori universitari per arrivare in un prodotto di consumo, ma in meno di dieci anni il grafene è già passato dal nostro laboratorio ai laboratori industriali e adesso esistono prodotti pilota in tutto il mondo. I governi di tutto il mondo e, probabilmente, più di 100 aziende stanno spendendo miliardi in ricerca e sviluppo di questi nuovi materiali. Quindi, probabilmente, il grafene merita il superlativo del materiale più veloce ad essere sviluppato."

Sono le parole di Andrei Geim, uno dei due scienziati che hanno scoperto il grafene, intervistato dalla CNN americana.

Il grafene è il materiale più sottile che sia mai esistito con un solo atomo di spessore. Se si pensa che con un solo grammo di grafene si potrebbe coprire un intero campo si calcio, si comprende meglio cosa può significare una simile sottigliezza.

Inoltre, tutti noi viviamo in un mondo a 3 dimensioni e nessuno avrebbe mai pensato all'esistenza di un materiale a sole 2 dimensioni, come in realtà è il grafene. Se qualcuno avesse chiesto al 99,9% degli scienziati di tutto il mondo se mai potesse esistere un materiale 2D, le risposte sarebbero state negative o confinate nel campo della fantascienza. Ma con la scoperta del grafene si sono spalancate le porte della fantascienza!

Le potenziali applicazioni del grafene si stanno moltiplicando. Potrebbe diventare parte integrante per transistor super-veloci da usare nei computer o nei dispositivi elettronici. Inoltre, essendo chimicamente inerte, potrebbe essere facilmente usato insieme ad altri materiali, aumentando nel contempo le prestazioni complessive.

Nella produzione di batterie, le qualità conduttive ed impermeabili del grafene sarebbero un enorme vantaggio.

Nelle vernici e nei rivestimenti protettivi conferirebbe qualità impermeabili, contribuendo a bloccare acqua, liquidi o altri elementi corrosivi che raggiungono il metallo sottostante. Vantaggi in salute e sicurezza, dal momento che attualmente, per ottenere gli stessi effetti, viene impiegato cromo esavalente che però è tossico e il cui impiego è vietato in alcuni paesi.

L'uso del grafene per conferire resistenza meccanica e rigidità ai componenti sarà un'altra applicazione importante nel prossimo futuro, che contribuirà a ridurre il peso degli autoveicoli e ad ottenere significativi risparmi di carburante.

Ma questo materiale ha anche eccezionali capacità di assorbimento della luce, dai raggi ultravioletti agli infrarossi, che potrebbero dar luogo a sviluppi sorprendenti nella nanofotonica.

Inoltre, nel futuro c'è la possibilità di ottenere telefoni pieghevoli e arrotolabili che, con il grafene potrebbero diventare realtà.

La storia ci insegna che i mercati hanno bisogno di tempo per riuscire a sfruttare tutte le potenzialità di un nuovo materiale. Le nuove tecnologie basate su nuovi materiali richiedono tra i 20 e i 40 anni per passare dal laboratorio alla produzione.

Perciò, riuscire a prevedere con esattezza lo sviluppo del grafene è difficile, ma ancora più difficile predire le sue applicazioni nelle tecnologie future. Tuttavia, è abbastanza facile immaginare che diventerà sempre più importante e sempre più presente nella vita di tutti noi.

# IL GRAFENE È COME LA PIZZA

Il modo in cui il grafene interagisce con altri materiali dipende da come questi materiali vengono messi in contatto con il grafene stesso.

Come già accennato, pur essendo uno dei materiali più incredibili e più studiati del momento, il grafene è così semplice da essere costituito da un singolo strato di atomi di carbonio, ma con eccezionali proprietà elettroniche, termiche, meccaniche e ottiche.

In molte applicazioni il cosiddetto materiale delle meraviglie viene combinato con altri materiali e, poiché è così sottile, le sue proprietà cambiano drasticamente con il contatto diretto con altre molecole. Tuttavia, combinarlo con altri materiali a livello molecolare è piuttosto difficile.

Il modo in cui interagisce con gli altri materiali dipende non solo dal materiale scelto, ma anche da come viene messo a contatto con il grafene. Per farlo è necessario portare a contatto gli atomi appropriati in modo tale da crescere sul grafene nella struttura cristallina desiderata.

Un nuovo studio della TU Wien e dell'Università di Vienna ha fatto chiarezza su questi meccanismi di crescita, studiando per la prima volta l'ossido di indio. La combinazione di ossido di indio e grafene è importante, ad esempio, per display e sensori.

Secondo Bernhard C. Bayer dell'Istituto di Chimica dei Materiali della TU Wien, "come per una pizza, la tecnologia del grafene non dipende solo dalla base della pizza". In pratica, come e quali guarnizioni vengono aggiunte al grafene è cruciale per il risultato finale.

Nella maggior parte dei casi, vengono condensati sul grafene atomi allo stato gassoso. Nel caso dell'ossido di indio, si tratta di indio e ossigeno ma la pressione, la temperatura o la velocità con cui questi atomi vengono messi sul grafene influenzano drasticamente il risultato.

Per queste ragioni, è importante capire a fondo i processi chimici e fisici che hanno effettivamente luogo. Questo è esattamente ciò che il team di ricercatori austriaci è riuscito a fare. Per la prima volta, i singoli passaggi della crescita dell'ossido di indio sul grafene sono stati osservati al microscopio elettronico a risoluzione atomica.

Il nuovo passo in avanti degli scienziati sarà utile per rendere più prevedibile e controllabile l'integrazione del grafene con altri materiali.

# IL POTERE DEL GRAFENE

Le leggi fondamentali della fisica non funzionano con il grafene. Almeno per quanto riguarda la legge di conduzione del calore, riguardo alla quale Joseph Fourier, il celebre fisico e matematico francese, aveva postulato che la propagazione del calore è una proprietà intrinseca ad ogni materiale.

Ma gli scienziati del Max Planck Institute for Polymer Research di Mainz (Germania) e della National University di Singapore hanno scoperto che la conducibilità termica del grafene cambia a seconda delle dimensioni del campione.

Come afferma Davide Donadio, ricercatore di origine italiana e capo del gruppo di ricerca, "abbiamo riconosciuto meccanismi di trasferimento di calore che in realtà contraddicono la legge di Fourier su scala micrometrica. Ora tutte le precedenti misure sperimentali di conduttività termica del grafene devono essere reinterpretate. Lo stesso concetto di conducibilità termica come una proprietà intrinseca non vale per il grafene, almeno per campioni grandi diversi micrometri ".

Il grafene, uno strato bidimensionale di atomi di carbonio, non rispetta le leggi fisiche della propagazione del calore nei solidi. Infatti, la sua conducibilità termica aumenta logaritmicamente in funzione delle dimensioni del campione di materiale.

In altre parole, più è lungo il campione di grafene e maggiore calore trasferisce per unità di lunghezza.

Questa straordinaria proprietà si aggiunge alle altre già conosciute di questo materiale delle meraviglie: flessibile, cento volte più resistente dell'acciaio, molto leggero e ottimo conduttore.

Considerando che nella micro e nano elettronica il calore è uno dei fattori più limitanti per la miniaturizzazione e l'efficienza dei circuiti, è facile immaginare l'enorme potenziale dell'illimitata conducibilità termica per questo tipo di applicazioni.

Il sogno di ogni ingegnere elettronico si potrebbe presto avverare!

# ENERGIA SOLARE

## FOTOSINTESI AL GRAFENE

Una delle prime sorprese per gli scienziati è stata quella di scoprire la capacità del grafene di agire come foto-catalizzatore, cioè come materiale che accelera una reazione chimica senza che venga utilizzato nella reazione stessa. In pratica, riesce a rendere la fotosintesi artificiale molto più efficiente.

Anche grazie al fatto di essere costituito da un solo strato di atomi di carbonio può migliorare l'efficienza dei sistemi di fotosintesi artificiale, agendo da foto-catalizzatore

Gli scienziati del Korea Research Institute of Chemical Technology hanno dimostrato che il grafene può migliorare l'efficienza dei sistemi di fotosintesi artificiale, agendo da foto-catalizzatore. In altre parole, il grafene potrebbe convertire la luce solare e l'anidride carbonica in acido formico, una sostanza impiegata nell'industria plastica e nelle celle a combustibile. Ma la trasformazione di energia solare dall'anidride carbonica avrebbe applicazioni anche nell'industria farmaceutica.

Ad oggi è un materiale ancora costoso e perciò ha spazio di impiego solo nei laboratori. Ma sembra che in India siano riusciti a sintetizzare grafene con un metodo semplice ed economico, di cui al momento non sono ancora chiari gli impatti che potrebbe avere sui costi di produzione.

## ENERGIA DALLA PIOGGIA

Anche se i pannelli solari hanno fatto enormi progressi come fonte affidabile di energia rinnovabile, c'è ancora molta strada da fare, soprattutto in termini di efficienza delle celle fotovoltaiche.

In altre parole, l'energia prodotta di notte o durante una giornata di tempo inclemente è ancora del tutto insoddisfacente. Tuttavia, una soluzione che arriva dalla Cina potrebbe essere quella di produrre energia dalle gocce di pioggia.

La chiave di successo di una soluzione così inaspettata è proprio il grafene.

Un team della Ocean University of China, a Qingdao, pensa che poiché le gocce di pioggia non sono costituite da acqua pura, ma contengono vari sali (sodio, calcio, ammonio) che si scindono in ioni positivi e negativi, sia possibile sfruttare l'energia tramite una semplice reazione chimica. Utilizzando fogli di grafene per separare gli ioni caricati positivamente sarà possibile generare elettricità.

I primi test effettuati in laboratorio hanno dato risultati incoraggianti. I ricercatori sono stati in grado di generare centinaia di microvolt, ottenendo un'efficienza di conversione del 6,53% con pannelli solari economici e personalizzati, ricoperti da uno strato trasparente di ossido di indio e stagno. Una cella solare per tutte le stagioni che ha prodotto energia sia dal sole che dalla pioggia.

Lo studio è ancora nelle fasi iniziali e c'è ancora molto lavoro da fare, ma i ricercatori sperano che le loro scoperte possano precorrere una nuova generazione di pannelli solari, contribuendo alla diffusione delle energie rinnovabili.

Non è la prima volta che il grafene viene impiegato nelle tecnologie solari. Nel Regno Unito gli scienziati stanno lavorando su un materiale innovativo a base di grafene in grado di assorbire il calore e la luce dell'ambiente circostante, in modo da produrre energia anche all'interno di ambienti chiusi.

Tutto fa pensare che le celle fotovoltaiche del futuro funzioneranno in qualsiasi condizione, compresa quella di una grigia giornata senza sole.

## ELETTRONICA AD ENERGIA SOLARE

Uno dei problemi principali per l'utilizzo del solare come fonte affidabile di energia, è di trovare un modo efficace per conservarla senza perdite, in modo da poterla utilizzare nel corso del tempo.

Traendo ispirazione dal mondo vegetale, i ricercatori della RMIT University di Melbourne (Australia), hanno inventato un nuovo elettrodo che potrebbe aumentare le attuali capacità di accumulo di energia solare di un sorprendente 3000%. Questa nuova tecnologia è assai flessibile e può essere collegata direttamente alle celle solari, cosa che potrebbe significare che potremmo essere vicini a smartphone e computer portatili alimentati costantemente dal Sole.

Perciò, gli ingegneri stanno cercando di impiegare super-condensatori, un tipo di tecnologia che consente tempi di ricarica estremamente veloci, con un forte rilascio di energia. Ma fino ad ora, i super-condensatori non sono stati in grado di immagazzinare energia sufficiente per funzionare come batterie solari.

Il team di ricercatori australiani, il cui studio è stato pubblicato su Scientific Reports, ha pensato di indagare su come gli organismi viventi riescono a stipare energia in un piccolo spazio, trovando ispirazione dalle ingegnose foglie a geometria frattale di una comune pianta nordamericana, la Polystichum munitum. Il nuovo elettrodo di grafene si basa proprio su queste forme frattali.

Per ottenere un elettrodo altamente conduttivo, gli scienziati hanno utilizzato il laser per manipolare il grafene, un nano-materiale di carbonio dello spessore di un atomo che può condurre elettricità a ritmi impressionanti. Combinando grafene e super-condensatori, si raggiunge una capacità di stoccaggio di energia 30 volte maggiore.

Ciò significa che, se il loro nuovo elettrodo verrà utilizzato con successo, sarà possibile collegare celle solari a super-conduttori con il 3000% in più di capacità di accumulo di ciò che è attualmente possibile.

Stiamo per entrare nell'era dell'elettronica completamente alimentata dall'energia solare? Il conto alla rovescia è cominciato…

# GRAFENE CONTRO VIRUS E BATTERI (CORONAVIRUS COMPRESO)

Le mascherine da portare sul viso sono diventate uno strumento importante nella lotta contro la pandemia di COVID-19.

In questo filone si è inserita la ricerca della University of Hong Kong, che ha realizzato con successo delle mascherine in grafene con un'efficacia antibatterica dell'80% che, con un'esposizione alla luce solare di circa 10 minuti, aumenta fino a quasi il 100%. Ma la cosa forse più interessante, visto i tempi che corrono, è che queste mascherine sono riuscite a disattivare due specie di coronavirus.

Ma c'è di più… le mascherine in grafene sono facilmente realizzabili e costano poco!

Per chi non è pratico di ospedali, è importante sapere che le mascherine chirurgiche comunemente usate non sono antibatteriche. Ciò significa che se viene toccata una mascherina usata e contaminata può avvenire una trasmissione secondaria di infezioni batteriche. Inoltre, i tessuti usati come filtro batterico sono difficili da decomporre e, quindi, hanno un impatto negativo sull'ambiente.

Per queste ragioni, gli scienziati hanno cercato materiali alternativi per produrre mascherine. Una soluzione potrebbe arrivare grazie al grafene mediante laser, un materiale da tempo noto per le sue proprietà antibatteriche.

Il Dr Ye Ruquan, a capo del team di ricercatori, ha scoperto che scrivendo su pellicole di poliimmide contenenti carbonio utilizzando un sistema laser $CO_2$ si può generare grafene poroso 3D. Il laser cambia la struttura della materia prima e quindi genera grafene.

Il team di ricercatori ha testato il grafene mediante laser con l'E. Coli e ha raggiunto un'efficienza antibatterica di circa l'82%. Un ottimo risultato se si considera che l'efficienza antibatterica dei tessuti soffiati a fusione, comunemente usati nelle mascherine, arriva solo al 9%.

Inoltre, grazie all'effetto fototermico del grafene (che produce calore dopo aver assorbito la luce) l'efficacia antibatterica può aumentare. Con 10 minuti di esposizione alla luce solare arriva al 99,998%.

I ricercatori della University of Hong Kong stanno lavorando in collaborazione con gli scienziati cinesi per testare materiale di grafene con due specie di coronavirus umani. I test iniziali hanno mostrato che il grafene ha inattivato oltre il 90% del virus in cinque minuti e quasi il 100% in 10 minuti alla luce del sole.

La produzione di grafene mediante laser è facile. In appena un minuto e mezzo, un'area di 100 cm² può essere convertita in grafene come strato esterno o interno della mascherina. Il prezzo delle mascherine in grafene mediante laser dovrebbe essere compreso tra quello di una mascherina chirurgica e quello di una mascherina N95.

Ma il grafene non si ferma alle mascherine per aiutarci nella lotta contro il COVID-19 (o altri micro organismi). Infatti, un nuovo biosensore al grafene, adattabile anche ad altri tipi di virus, rileva la presenza di coronavirus in meno di cinque minuti.

Mentre stiamo vivendo cambiamenti così straordinari che finiranno in tutti i libri di storia di questo secolo, abbiamo dovuto imparare cosa sono, e quanto sono importanti, i test per monitorare e contenere il coronavirus.

Se da un lato il COVID-19 ha provocato drammatici cambiamenti nella vita delle persone, dall'altro ha spinto la scienza a trovare soluzioni rapidamente e con un approccio olistico per lo sviluppo di strumenti multidisciplinari per la diagnosi precoce.

È il caso dell'ultimo test rapido e ultrasensibile, grazie ad un sensore elettrochimico paper-based, che riesce a rilevare la presenza del virus in meno di cinque minuti.

Attualmente, esistono sul mercato due tipologie di test per il COVID-19. La prima categoria utilizza la reazione a catena della polimerasi in tempo reale della trascrittasi inversa (RT-PCR) e le strategie di ibridazione degli acidi nucleici per identificare l'RNA virale. I difetti di questa tecnica sono però il tempo necessario per completare il test, la necessità di personale specializzato e la disponibilità di apparecchiature e reagenti.

La seconda tipologia di test si concentra invece sulla rilevazione degli anticorpi. Tuttavia, la produzione di anticorpi rilevabili avviene con un ritardo da pochi giorni a poche settimane dopo che una persona è stata esposta al virus.

Da qualche anno, i ricercatori hanno cominciato a creare biosensori per rilevare le malattie, utilizzando nanomateriali 2D come il grafene. I principali vantaggi dei biosensori a base di grafene sono la loro sensibilità, il basso costo di produzione e la rapidità nel rilevamento.

Gli attuali test per il COVID-19 basati su RNA esaminano la presenza del gene N (fosfoproteina nucleocapside) sul virus SARS-CoV-2. Nel caso della nuova ricerca, sono state progettate sonde oligonucleotidiche antisenso (ASO) per colpire due regioni del gene N. Il targeting di due regioni garantisce l'affidabilità del sensore nel caso in cui una regione subisca una mutazione genetica. Inoltre, alcune nanoparticelle d'oro (AuNP) sono ricoperte da questi acidi nucleici a filamento singolo (ssDNA), che rappresenta una sonda di rilevamento ultra sensibile.

Il nuovo test avrà molte applicazioni grazie alla sua portabilità e al basso costo. Il sensore, se integrato con microcontrollori e schermi LED o con uno smartphone tramite Bluetooth o wifi, può essere utilizzato in uno studio medico o anche a casa. Inoltre, secondo i bioingegneri americani, il sistema è adattabile per il rilevamento di molte altre malattie.

Ma anche nel settore della difesa dai micro organismi in genere il grafene riesce a trovare un utile impiego.

Un team di ricercatori italiani ha messo a punto una tecnica per proteggerci dai super-batteri, i killer delle sale operatorie. E, anche in questo caso, il materiale delle meraviglie non smette di stupire...

Il gruppo di ricercatori italiani ha avuto l'originale idea di rivestire gli strumenti utilizzati in sala operatoria con ossido di grafene, per contrastare i rischi di infezione.

Un problema non da poco e che soltanto in Italia riguarda, secondo uno studio del 2008, il 5% degli interventi. In altre parole, un paziente che viene operato, oltre all'insuccesso dell'operazione, corre il rischio di morire a causa di un infezione da batteri resistenti a qualsiasi antibiotico (super-batteri). Secondo l'European Center for Diseases Prevention and Control (ECDC), dal 2009, in Europa, oltre 400.000 persone hanno sviluppato infezioni batteriche resistenti agli antibiotici.

Nel futuro, si prevede che questi rischi aumenteranno a causa dei super-batteri sempre più numerosi e inattaccabili dagli antibiotici.

Ma i ricercatori dell'Istituto dei Sistemi Complessi del Consiglio Nazionale delle Ricerche, dell'Istituto di Fisica e Microbiologia dell'Università Cattolica del Sacro Cuore (Ucsc) di Roma, del Dipartimento di Fisica dell'Università Sapienza di Roma e del Dipartimento di Scienze Chimiche dell'Università degli Studi dell'Aquila, si sono ispirati alle rugosità tipiche del granchio che, grazie alla struttura del suo carapace, non viene attaccato dai batteri.

L'impiego del grafene, di cui sono già note le proprietà antimicrobiche, come rivestimento di superfici sensibili come quelle delle protesi e dell'attrezzatura chirurgica, imita una soluzione esistente in natura, sull'involucro esterno del granchio, che grazie alla sua rugosità respinge i batteri.

"Abbiamo realizzato un rivestimento con un idrogel a base di ossido di grafene", spiega Massimiliano Papi, professore presso l'Istituto di Fisica e Microbiologia dell'Università Cattolica del Sacro Cuore e coautore della ricerca. "L'azione antibatterica è dovuta alla struttura in fogli, delle dimensioni di qualche nanometro, dell'ossido di grafene, in grado di tagliare la membrana della cellula batterica o di avvolgerne la superficie, contrastando così lo sviluppo di batteri resistenti ai farmaci".

Tale meccanismo di base, di natura meccanica, è amplificato da una tecnica di laser printing scoperta dal team di ricercatori: la supercavitazione laser. L'azione del rivestimento è sia batteriostatica che battericida, ossia blocca e uccide, arrivando a sopprimere il 90% dei batteri, grazie ad una tecnologia versatile, economica e a basso impatto tossicologico.

# CHIP AL GRAFENE

Alla Stanford University (Stati Uniti), un ingegnere chimico e il suo team stanno lavorando su una nuova generazione di chip per computer: grafene modellato sul DNA, al posto del silicio. Il DNA è l'architettura della vita e potrebbe diventare presto anche l'architettura dei nuovi chip al grafene.

Per costruire computer e dispositivi elettronici sempre più potenti e più piccoli è necessario miniaturizzare sempre di più i chip di silicio che potrebbero essere arrivati vicino ad un limite oltre il quale non si può andare, confermando i timori di molti tecnici sulla fine della corsa verso dispositivi più piccoli, più veloci e più economici.

Per capire come saranno i nuovi dispositivi, è necessario fare una passeggiata tecnologica all'interno di un chip, il cuore di tutti i computer.

Tutto è legato a come funziona un chip di silicio. Per capirlo pensiamo ad un semiconduttore, un materiale che può essere indotto a condurre o ad arrestare il flusso dell'elettricità. Fino ad oggi il silicio è stato il materiale più usato proprio come semiconduttore, cioè come materiale per produrre chip. Le unità che costituiscono un chip sono i transistor, minuscole porte che arrestano oppure lasciano passare l'elettricità, creando logicamente i bit (zero e uno) che stanno alla base dell'esecuzione di qualsiasi software. Per costruire chip sempre più potenti, i progettisti hanno rimpicciolito i transistor e hanno aumentato la velocità con cui le porte si aprono e si chiudono.

Il risultato di questi sforzi è stato quello di concentrare sempre più energia elettrica in spazi sempre più ridotti, oltre che meno costosi. Ma arriva un punto in cui il calore prodotto e altre forme di interferenza potrebbero compromettere il funzionamento interno di tutto il chip.

Per superare questi limiti, servirebbe un materiale con il quale costruire transistor sempre più piccoli e più veloci, ma che utilizzano meno energia. E a questo punto arriva il grafene, con le sue proprietà fisiche ed elettriche da semiconduttore.

Il grafene, che viene prodotto dalla grafite, è un singolo strato di atomi di carbonio disposti in uno schema a nido d'ape e da un punto di vista elettrico è un conduttore estremamente efficiente.

Dato che le dimensioni del nuovo materiale sono minuscole e che le proprietà elettriche sono assai favorevoli, costruendo dei nastri di grafene si potrebbero creare dei chip molto veloci, funzionanti con una potenza molto bassa. Ma realizzare un nastro con lo spessore di un solo atomo e con una larghezza di qualche decina di atomi, è un'impresa molto difficile.

I ricercatori di Stanford hanno maturato l'idea di usare il DNA come meccanismo di assemblaggio, poiché i filamenti di DNA sono lunghi e sottili, con le stesse dimensioni, all'incirca, dei nuovi nastri di grafene. Chimicamente, le molecole di DNA contengono atomi di carbonio, lo stesso elemento che forma il grafene.

Dopo due anni, il gruppo di ricerca ha messo a punto un processo di fabbricazione di nastri di grafene a base DNA, che promette bassi costi di produzione e un'alta scalabilità, tutte le caratteristiche che servono per adottare il nuovo metodo di fabbricazione su scala industriale.

# ELETTRONICA ULTRA VELOCE

Tutta la comunità scientifica continua a raccontarci del grafene e delle sue proprietà davvero sorprendenti e in grado di rivoluzionare moltissime applicazioni tra le più importanti dei nostri giorni.

Ma proprio quando si pensa di aver scoperto tutte le sue incredibili capacità, i ricercatori scoprono qualcos'altro di stupefacente.

Come nel caso di un nuovo studio che ha dimostrato che il grafene è in grado di resistere alla corrente elettrica molto più di quanto previsto inizialmente. Ciò lo rende perfetto per la prossima generazione di materiali per l'elettronica ultraveloce.

Come hanno scoperto all'Institute of Applied Physics alla Technische Universität di Vienna, una densità di corrente 1.000 volte superiore a quella che porta alla distruzione di un qualsiasi altro materiale in circostanze normali, viene sopportata dal grafene che non ne subisce alcun danno.

Era noto che il grafene fosse in grado di condurre elettricità e, all'inizio di quest'anno, gli scienziati erano riusciti a trasformare il materiale in un superconduttore, in grado di condurre elettroni con una resistenza pari a zero.

Ma quello di cui si sono occupati i ricercatori austriaci è una cosa molto diversa, che non ha a che fare con l'efficienza del flusso di elettroni, ma piuttosto con quanta elettricità il grafene sia in grado di sopportare. In particolare, hanno studiato quanti elettroni possa gestire durante una ricarica in un breve lasso di tempo. E i risultati sono impressionanti.

Come detto, il grafene è un materiale dallo spessore di un solo atomo. In pratica, un foglio di carbonio con una struttura a nido d'ape acquista proprietà straordinarie su scala nanometrica. È più forte dell'acciaio, più duro del diamante e incredibilmente flessibile. Ora sembra anche essere in grado di resistere ad un'alta densità di carica.

Per capire esattamente come faccia il grafene a sopportare una densità di carica 1.000 volte superiore a tutti gli altri materiali, saranno necessarie altre ricerche. Di certo, è il materiale ideale per gli ingegneri che si occupano di elettronica ultraveloce per il futuro.

Ci sono grandi speranze che il grafene possa diventare il mattone fondamentale per realizzare dispositivi elettronici ultraveloci, ma sembra anche essere perfettamente adatto per applicazioni ottiche, come per esempio nei collegamenti tra componenti ottici ed elettronici.

# L'ELETTRONICA DEL FUTURO: LA SPINTRONICA

Anche gli ultimi sviluppi della spintronica sembrano portare proprio all'utilizzo del grafene come componente chiave per l'elettronica di prossima generazione.

La spintronica sembra un neologismo scappato fuori da qualche pellicola di fantascienza ma, in realtà, si tratta di un settore che sviluppa dispositivi elettronici innovativi e che potrebbe appunto usare il grafene come componente essenziale.

I recenti progressi teorici e sperimentali negli studi sul trasporto elettronico di spin nel grafene e nei relativi materiali bidimensionali (2D), costituiscono un'area affascinante di ricerca e sviluppo.

La spintronica è una combinazione tra elettronica e magnetismo, su scala nanometrica, che potrebbe portare all'elettronica ad alta velocità di prossima generazione. I cosiddetti dispositivi Spintronic sono un'alternativa alla nanoelettronica e, incredibilmente, vanno oltre la legge di Moore. Offrono maggiore efficienza energetica e minore dissipazione rispetto all'elettronica convenzionale.

In altre parole, è un nuovo approccio allo sviluppo dell'elettronica in cui sia i dispositivi di memoria (RAM), sia i dispositivi logici (transistor), sono realizzati con l'uso di spin. Lo spin è la proprietà di base degli elettroni che li induce a comportarsi come piccoli magneti.

Un team di ricercatori del Regno Unito, dell'Olanda, di Singapore, della Spagna, della Svizzera e degli Stati Uniti ha pubblicato recentemente uno studio a riguardo. Lo studio evidenzia le nuove prospettive fornite dalle eterostrutture e dai fenomeni che ne conseguono, tra cui effetti di spin-orbita, accoppiamenti di spin alla luce, accordabilità elettrica e magnetismo 2D.

I continui progressi nella spintronica del grafene, e più in generale nelle eterostrutture 2D, hanno portato alla creazione, al trasporto e al rilevamento efficienti delle informazioni sugli spin utilizzando effetti precedentemente inaccessibili.

Il trasporto controllato di spin nel grafene e in altri materiali bidimensionali sta diventando un approccio sempre più promettente. Come nel caso delle eterostrutture su misura (eterostrutture di van der Waals), che consistono in pile di materiali bidimensionali, in un ordine ben preciso.

L'identificazione e la caratterizzazione di nuovi materiali quantistici con proprietà topologiche elettroniche e magnetiche straordinarie è oggetto di studi e ricerche in tutto il mondo. La spintronica è al centro di tutto ciò. Ma la chiave per realizzare dispositivi fino ad oggi impensabili sono i materiali bidimensionali, come il grafene.

Grazie alla loro purezza, resistenza e semplicità, sono la migliore piattaforma per ottenere proprietà topologiche uniche, che mettono in relazione la fisica quantistica, l'elettronica e il magnetismo.

# STAMPA 3D

Esistono due nuove tecnologie che, prese separatamente, hanno tutto il potenziale per realizzare la prossima rivoluzione industriale: la stampa in 3D e il grafene.

C'è qualcuno che può immaginare cosa si potrebbe fare se fosse possibile stampare oggetti in 3D utilizzando il grafene? Gli scenari che si aprono sono letteralmente da capogiro.

Come risaputo, ad oggi, grazie alla tecnologia della stampa in 3D, è possibile fare quasi di tutto, dai cannoni al cibo e a parti del corpo umano, solo per citare alcuni esempi. Se si potrà utilizzare il grafene come materiale da stampare in 3D, alla lista si potrebbero aggiungere computer, pannelli solari, dispositivi elettronici, automobili e addirittura aeroplani.

Gli scienziati di tutto il mondo sono al lavoro per capire se ciò è davvero possibile. La American Graphite Technologies, ha annunciato che, insieme alla National Academy of Science ucraina e al Kharkiv Institute of Physics and Technology, ha iniziato le ricerche per sviluppare un nuovo materiale a base di grafene da impiegare nella stampa in 3D. Subito dopo l'annuncio i titoli azionari della società si sono impennati del 15%.

Lo sviluppo di un materiale stampabile in 3D a base di grafene offrirebbe grandi vantaggi a causa delle proprietà incredibili di questo nuovo materiale.

Oltre ad essere il primo cristallo bidimensionale mai scoperto, il grafene è anche l'oggetto più sottile e leggero esistente al mondo. È più duro del diamante e circa 300 volte più forte dell'acciaio. Inoltre, il grafene conduce l'elettricità meglio del rame, è trasparente e può assumere qualsiasi forma si possa immaginare.

Se gli scienziati riusciranno nel loro intento, il futuro che ci attende potrebbe diventare davvero irriconoscibile.

# BATTERIE

## BATTERIE AGLI IONI DI SODIO

I ricercatori americani hanno dimostrato che usando grafene e molibdenite, è possibile produrre batterie agli ioni di sodio, dispositivi con un grosso potenziale commerciale.

L'attenzione della maggior parte del mondo scientifico che si occupa di nuovi materiali, è concentrato sul grafene, che conduce energia elettrica meglio del rame ed è impermeabile ai gas, oltre che 200 volte più forte e 6 volte più leggero dell'acciaio.

Ma molti non sanno che esiste un altro materiale in concorrenza con il grafene: il disolfuro di molibdeno, noto anche come molibdenite.

La molibdnenite potrebbe essere un materiale ideale per la produzione di transistor, anche perché è un materiale che si trova in natura (esistono giacimenti anche in Italia) e che può facilmente essere prodotto.

All'École Polytechnique Fédérale de Lausanne (EPFL) è già stato creato il primo chip con molibdenite e i ricercatori elvetici sembrano ottimisti sulla possibilità che possa essere impiegato al posto del tradizionale silicio.

Ma i ricercatori della Kansas State University (Stati Uniti) sono andati oltre, dimostrando che molibdenite e grafene possono insieme dare vita ad un nuovo materiale straordinariamente efficiente nell'immagazzinare atomi di sodio, diventando un efficiente collettore di corrente.

Il nuovo materiale può essere utilizzato come elettrodo negativo nelle batterie agli ioni di sodio, che sembrano una valida alternativa alle batterie agli ioni di litio, grazie ai bassissimi costi di approvvigionamento e alla disponibilità illimitata di sodio.

Fino ad ora, i materiali impiegati come elettrodi negativi nelle batterie agli ioni di sodio, presentavano l'inconveniente di gonfiarsi fino a 500 volte il loro volume, causando danni meccanici e la perdita di contatto elettrico con il collettore di corrente.

Il nuovo materiale a base di molibdenite, non presenta la stesso problema, offrendo invece una stabilità rispetto al peso totale dell'elettrodo.

I ricercatori della Kansas State University stanno adesso lavorando per arrivare alla commercializzazione della tecnologia.

## BATTERIE AL LITIO A LUNGA DURATA

La novità arriva dai laboratori della Samsung, che hanno messo a punto batterie al litio, con l'impiego di silicio e grafene, che avranno una durata doppia rispetto a quelle attualmente sul mercato.

In un articolo pubblicato su Nature Communications (la versione open-access di Nature), i ricercatori descrivono come la densità di energia delle batterie agli ioni di litio aumenti utilizzando anodi di silicio rivestiti di grafene.

Accoppiando un anodo di silicio-grafene ad una normale batteria al litio-cobalto, si raggiunge una densità di energia fino a 1,8 volte superiore rispetto alle tradizionali batterie.

L'impiego di anodi di silicio non è una novità ma, fino ad ora, esisteva il problema dell'eccessiva espansione durante il processo di carica. Un'espansione del 400% che rendeva problematico il loro impiego dal momento che tutti i costruttori cercano di produrre batterie sempre più piccole.

Ma secondo i ricercatori Samsung la soluzione è il grafene. Gli strati sottili di materiale che riveste la superficie degli anodi di silicio contiene l'espansione.

La tecnologia è soltanto agli inizi e, anche se qualcuno fa notare che potrebbero volerci anni per tradurla in qualcosa di commercialmente valido, è sintomatica di quanto stiano lavorando i laboratori di ricerca di tutto il mondo su grafene e batterie.

Per esempio, al MIT (Massachusetts Institute of Technology) hanno messo a punto un nuovo approccio per la produzione di batterie agli ioni di litio che potrebbe portare al dimezzamento dei costi. Così come la Tesla Motors che ha recentemente annunciato di stare lavorando con i ricercatori per abbassarne i costi.

Un grande fermento, che evidenzia da una parte l'importanza delle batterie agli ioni di litio nella nostra vita quotidiana, dall'altra la nostra dipendenza dai metalli critici necessari per poterle produrre.

Tutto fa proprio pensare che nei prossimi anni ci saranno interessanti novità per gli investitori in metalli e minerali rari e strategici, con la grafite in primo piano.

## SUPER CONDENSATORI AL GRAFENE

Ma nel settore delle batterie, una delle sfide più avvincenti è quella di trovare qualcosa di meglio rispetto alle batterie agli ioni di litio. E in questa direzione la tecnologia dei super-condensatori al grafene sta facendo passi da gigante, con prestazioni impensabili per le tecnologie tradizionali.

Un gruppo di ricerca internazionale ha messo a punto un nuovo dispositivo per immagazzinare energia, esattamente come fanno le batterie al litio.

La grande novità è l'impiego di grafene e nanotubi di carbonio, che rendono il dispositivo un super-condensatore che è in grado di caricarsi e scaricarsi molto più velocemente di una batteria tradizionale.

Inoltre, il dispositivo si presenta come una lunga fibra, caratteristica che permetterebbe di cucirlo nell'abbigliamento per alimentare apparecchi portatili. Poiché questa fibra funziona anche da conduttore, potrebbe rimpiazzare i cavetti tradizionali, riducendo peso e ingombro di tutti i dispositivi elettronici portatili.

Perché non sono stati mai impiegati super-conduttori fino ad ora per immagazzinare energia? Innanzitutto perché i super-conduttori sono più veloci nel fornire energia, ma hanno una bassa densità di energia, ovvero non possono immagazzinare grosse quantità di energia. L'esatto opposto delle batterie, che possono accumulare energia ma non possono caricarsi e scaricarsi rapidamente.

Ma da quando è stato scoperto il grafene, chiamato anche il materiale delle meraviglie, tutto è cambiato.

Con lo spessore di un atomo, il grafene ha una struttura bidimensionale che rende disponibili enormi superfici per stoccare energia.

Il gruppo di ricercatori, con a capo Yuan Chen della Nayang Technological University, ha perfezionato i processi di auto-assemblaggio di un precedente studio condotto nel 2009, arrivando a produrre una fibra lunga 50 metri contenente ossido di grafene e nanotubi di carbonio.

Confrontando le prestazioni del nuovo super-conduttore con quelle delle tradizionali batterie al litio, si sono misurati 10.000 cicli di carica/scarica per il primo, contro i circa 1.000 cicli delle seconde.

Ma le sorprese non sono finite qui. Il team di ricerca è certo che la nuova tecnologia verrà utilizzata nel futuro, oltre che per le batterie, anche per le celle solari e per le pile a combustibile microbiologico.

# IL GRAFENE BIANCO (h-BN 3D)

Molto meno conosciuto del normale grafene, esiste anche il grafene bianco, un materiale decisivo per migliorare le prestazioni di molti dispositivi elettronici.

Ma cosa è il grafene bianco? Per capirlo e per comprendere le ultime frontiere della tecnologia dei materiali più innovativi dovremmo andare alla Rice University (Stati Uniti), dove due ricercatori, Rouzbeh Shahsavari e Navid Sakhavand, hanno completato la prima analisi teorica di come una struttura 3D di nitruro di boro possa essere utilizzata per controllare il flusso di calore in piccoli dispositivi elettronici.

Il miglioramento di come il calore si muove nei micro dispositivi ha un'enorme importanza in elettronica.

In genere, nei dispositivi elettronici, è altamente desiderabile che il calore si muova nel modo più rapido ed efficiente possibile. Cosa complicata dal fatto che quando si hanno materiali stratificati su substrati, il calore si muove molto rapidamente nella direzione del piano conduttivo, ma con difficoltà tra un livello di materiale e l'altro.

Il nitruro di boro esagonale, in codice h-BN e chiamato anche grafene bianco, è la soluzione del problema. Nella sua forma bidimensionale (2D) è come il grafene, cioè con lo spessore di un atomo di carbonio. Come il grafene, è un buon conduttore di calore.

Questa capacità di condurre il calore ha attirato l'interesse dei due ricercatori americani che hanno cominciato ad esaminare come l'h-BN potesse essere utilizzato per controllare il flusso di calore.

Così hanno anche scoperto che, mentre il calore si muove attraverso piani di nitruro di boro, le strutture 3D di nanotubi di nitruro di boro sono in grado di trasportare il calore in tutte le direzioni, sia nello stesso piano che attraverso piani diversi. Un comportamento eccezionale in elettronica.

Le opportunità che la nuova scoperta apre per il futuro, riguardano nuove possibilità per interruttori e raddrizzatori termici, nei quali il calore può scorrere in una direzione e anche al contrario.

Come ben sanno gli esperti, non esistono ancora molte applicazioni commerciali a causa degli alti costi di produzione.

Tuttavia, scoperte come quella della Rice University, aprono le porte a nuovi impieghi del materiale e, quindi, ad un sempre maggior stimolo a trovare processi produttivi economici che consentano la diffusione commerciale del materiale delle meraviglie.

# APPLICAZIONI PER LA NOSTRA VITA QUOTIDIANA

Gli scienziati hanno già sviluppato dozzine di prototipi basati sul grafene. Con queste nuove tecnologie, per esempio, i nostri telefoni cellulari diventeranno dispositivi salvavita. Ma, nonostante i ricercatori stiano ancora esplorando le enormi potenzialità del grafene, alcune applicazioni e dispositivi sono in procinto di arrivare sul mercato dei consumatori finali. Eccone 5 che danno un'idea di quanto sorprende sarà la nostra vita con l'aiuto del grafene.

## UN CEROTTO PER MISURARE LA MASSIMA ESPOSIZIONE SOLARE

È pronto il primo dispositivo per monitorare il livello di esposizione alla luce solare attraverso un sensore UV. Progettato come una patch flessibile, trasparente e monouso, si connette ad un dispositivo mobile e avvisa l'utente quando ha raggiunto la soglia massima di esposizione al sole.

## UNA FASCIA PER IL FITNESS

Con la stessa tecnologia, è stata sviluppata una fascia per il fitness per misurare la frequenza cardiaca, l'idratazione, la saturazione dell'ossigeno, la frequenza respiratoria e la temperatura. Ma, questo dispositivo non si limita a misurare semplicemente l'attività fisica.

Se una persona sta facendo trekking nella giungla amazzonica con un accesso limitato all'acqua, misurando l'idratazione della pelle, può ottimizzare l'assunzione di acqua, evitando qualsiasi tipo di disidratazione.

Allo stesso modo, uno scalatore in cammino verso la cima del monte Everest, potrebbe usare questo fascia per monitorare accuratamente la saturazione di ossigeno nel sangue. Come noto, l'alta quota può seriamente influire sulla saturazione di ossigeno nel corpo. Usando questa fascia, l'escursionista potrebbe monitorare questi livelli ed emettere un avviso se la saturazione di ossigeno nel sangue diminuisce drasticamente al di sotto di un certo livello.

Questi prototipi, che sono stati esposti al Mobile World Congress 2019 a Barcellona, sono targati ICFO (The Institute of Photonic Sciences). Il centro di ricerca spagnolo presenterà anche altre due tecnologie al grafene.

## UNO SPETTROMETRO PORTATILE PER SOSTANZE NOCIVE

Si tratta di uno spettrometro a pixel singolo (il più piccolo al mondo) e un sensore di immagine iper-spettrale, entrambi con funzionalità a banda larga. Funzioni che, fino a poco tempo fa, era impossibile ottenere senza l'uso di costosi e ingombranti sistemi di foto-rivelazione.

Ma a cosa servono questi due nuovi dispositivi al grafene? Per esempio, lo spettrometro può essere utilizzato per individuare farmaci contraffatti o per identificare sostanze nocive all'interno di un prodotto. Potrebbe diventare un accessorio indispensabile della nostra vita quotidiana.

## UN SENSORE DI IMMAGINE PER PRODOTTI FRESCHI

Il sensore di immagine, costruito in una fotocamera per smartphone e basato sul grafene, consente ai telefoni di vedere oltre a ciò che è visibile all'occhio umano. Costituito da centinaia di migliaia di foto-rivelatori, questo sensore incredibilmente piccolo è altamente sensibile alla luce UV e agli infrarossi. Per esempio, potrebbe consentire ai clienti di un supermercato di individuare con la fotocamera il prodotto più fresco da acquistare.

Come accennato, questi nuovi dispositivi al grafene sono stati esposti al pubblico dal 25 al 28 febbraio al Mobile World Congress 2019 a Barcellona.

## UNA TINTURA PER CAPELLI NATURALE E DURATURA

Gli scienziati hanno trovato un impiego del grafene anche per qualcosa di inaspettato: la tintura per capelli. Il trattamento promette risultati eccezionali, con una tintura per capelli, libera da qualsiasi prodotto chimico. In pratica, un sistema per colorare i capelli di nero, senza i danni prodotti dai coloranti chimici.

Cerchiamo di capire come funziona. La superficie esterna del capello è costituita da cuticole, cellule disposte a scaglie che possiamo immaginare come i gradini di una scala. Tingendo i capelli con i tradizionali composti chimici, si sollevano queste cuticole come fossero le squame di un pesce per consentire alle molecole di tintura di entrare più velocemente. Questo processo lascia il capello più asciutto e fragile, motivo per il quale più i capelli vengono tinti e più danni subiscono.

Invece, il grafene non penetra nel capello, ma lo ricopre, proprio come fanno i coloranti wash-out. La differenza è che il colore dei capelli dato dal grafene è quasi permanente, dal momento che dura almeno trenta lavaggi.

Ciò è reso possibile dalla struttura sottilissima dei fogli di grafene che avvolgono il capello.

Secondo il team di ricercatori della Northwestern University (Stati Uniti), che ha condotto questo studio, confrontando il grafene con altre particelle di coloranti temporanei per capelli, come il nerofumo o l'ossido di ferro, non c'è proprio competizione.

La ricerca è stata ispirata dalla curiosità e l'obbiettivo non sembrava troppo nobile ne scientificamente prestigioso. Ma, in realtà, la tintura per i capelli non è un problema irrilevante per un grande numero di persone.

L'unico punto del debole del grafene, per il momento, è il suo costo. Tuttavia, una cosa è il grafene di alta qualità per scopi scientifici, un'altra è quella per fare da tintura per capelli. Per esempio, il grafene che si rivelasse inadatto per le applicazioi elettroniche di fascia alta, potrebbe essere impiegato per colorare i capelli.

I costi del grafene potrebbero ridimensionarsi molto prima di quanto si creda e il momento in cui troveremo negli scaffali dei supermercati tinture per capelli al grafene potrebbe non essere così lontano.

# DALLA SPAZZATURA AL GRAFENE

Un nuovo processo "verde" consente di trasformare rifiuti alimentari, plastica e altri materiali in prezioso grafene. Uno scenario ambientale vantaggioso per tutti.

Con impulsi ad altissima energia, gli scienziati possono trasformare

qualsiasi fonte di carbonio in grafene turbostratico. Il tutto con un processo rapido ed economico.

Come facilmente immaginabile, utilizzando dei rifiuti per farli diventare prezioso materiale 2D si ottengono vantaggi ambientali enormi.

Sono stati i ricercatori della Rice University (Stati Uniti) a inventare la tecnica del grafene flash, un modo per trasformare grandi quantità di qualsiasi fonte di carbonio in preziosi fiocchi di grafene. Si può convertire una tonnellata di carbone, rifiuti alimentari o plastica in grafene per una frazione del costo utilizzato da altri metodi di produzione.

Qualsiasi materia solida a base di carbonio, inclusi per l'appunto rifiuti di plastica misti e pneumatici di gomma, può essere trasformato nel cosiddetto materiale delle meraviglie.

Come ha riportato l'autorevole rivista Nature, il grafene flash viene prodotto in 10 millisecondi riscaldando materiali contenenti carbonio a 3.000 Kelvin (2.726,85 gradi Celsius). Considerando che l'attuale prezzo commerciale del materiale delle meraviglie è compreso tra 67.000 e 200.000 dollari per tonnellata, il successo di questa nuova tecnica sembra assicurato.

Il grafene flash potrebbe essere impiegato, con una concentrazione di appena lo 0,1%, nel calcestruzzo. Ciò ridurrebbe di un terzo il suo massiccio impatto ambientale. Rafforzando il calcestruzzo con il nuovo materiale, potremmo usarne meno per l'edilizia, con minori costi per produrlo e per trasportarlo.

Lo scenario ambientale che si delinea è vantaggioso per tutti e trasformare la spazzatura in un tesoro è la chiave dell'economia circolare.

Ma esiste anche un altro vantaggio nel nuovo processo. Infatti, il risultato finale è un grafene turbostratico, con strati disallineati facili da separare. Al contrario di quello ottenuto dall'esfoliazione della grafite, quello turbostratico è molto più facile da lavorare perché l'adesione tra gli strati è più bassa. Si separano semplicemente in soluzione o alla fusione in compositi.

Adesso, i ricercatori della Rice University sperano di produrre un chilogrammo al giorno di grafene flash entro due anni.

# LA MAMMA DEL GRAFENE: LA GRAFITE

Parlando di grafene è impossibile non fare un cenno al minerale che gli da corpo e cioè la grafite.

Tra l'altro, quello della grafite è uno dei settori più caldi nel panorama odierno delle materie prime.

Grande interesse da parte degli investitori e un vero e proprio boom di nuove esplorazioni minerarie ne sono la testimonianza. Il cambiamento in atto verso l'utilizzo di energie alternative e i problemi che affliggono le forniture di grafite dalla Cina, sono solo alcuni dei fattori critici che hanno acceso i riflettori internazionali sul mercato della grafite. Ma che cosa è esattamente la grafite?

Tanto per cominciare, la grafite ha una struttura planare stratificata, con atomi di carbonio disposti in un reticolo a nido d'ape. Termicamente stabile e conduttrice di elettricità, è anche un ottimo lubrificante a secco. Inoltre, ne esistono 3 tipi: a fiocchi, amorfa e a vena.

La grafite a fiocchi è diventata particolarmente importante nel 2014, quando Tesla Motors ha annunciato la costruzione di una Gigafactory di batterie agli ioni di litio, che utilizzano la grafite per gli anodi. Ma questo tipo di grafite è utilizzato anche nei reattori nucleari, nella produzione di refrattari e di acciaio.

La grafite è un eccellente conduttore di calore ed elettricità ed ha una resistenza che nessun altro materiale naturale può vantare. Tuttavia, è solo da poco tempo che questo minerale ha iniziato a suscitare interesse sui mercati.

44

Un interesse legato alle batterie agli ioni di litio, ormai sempre più diffuse. Dagli smartphone ai veicoli elettrici, la grafite è indispensabile per il funzionamento delle batterie. Poiché l'uso delle batterie agli ioni di litio continua ad aumentare, la domanda di grafite seguirà lo stesso andamento nei prossimi anni.

Anche se la chimica delle batterie è in continuo cambiamento, secondo gli esperti, la grafite rimarrà una materia prima chiave nelle batterie, almeno per il prossimo decennio. E parlando di grafite si fa riferimento sia a quella sintetica che a quella naturale (sotto forma di grafite sferica come prodotto intermedio). Tutti prodotti utilizzati negli anodi delle batterie agli ioni di litio.

Secondo Benchmark Mineral Intelligence, la domanda proveniente dal segmento degli anodi potrebbe aumentare di sette volte nel prossimo decennio, a seguito dell'aumento delle vendite di auto elettriche.

Guardando invece sul fronte dell'offerta, il mercato mondiale è capeggiato dalla Cina, leader assoluto nell'estrazione di questo minerale. Il paese domina sia la parte estrattiva che quella di raffinazione della grafite per anodi.

Detto questo, vediamo quali sono i 9 paesi che producono la maggior parte della grafite naturale nel mondo. La panoramica che segue, riferita ai dati 2018, si basa sulle più recenti rilevazioni dello US Geological Survey (USGS).

1. CINA (produzione mineraria: 630.000 tonnellate) - La Cina rappresenta il 70% delle miniere di grafite di tutto il mondo. Tuttavia, questo predominio potrebbe non durare per sempre. Infatti, il paese sta facendo sforzi per razionalizzare la produzione e per eliminare le aziende che inquinano di più.

2. BRASILE (produzione mineraria: 95.000 tonnellate) - Anche se il Brasile è il secondo produttore mondiale, produce molto meno della Cina. Esistono poche informazioni sull'industria mineraria brasiliana di grafite, poiché i principali produttori sono privati. Extrativa Metalquimica e Nacional de Grafite sono i due principali.

3. CANADA (produzione mineraria: 40.000 tonnellate) - La produzione

canadese è rimasta invariata rispetto al 2017, anche se l'interesse per il Canada come fonte di grafite è aumentato negli ultimi anni. In particolare, da quando Tesla ha dichiarato che necessita di litio, grafite e cobalto per la sua Gigafactory di batterie agli ioni di litio in Nevada (Stati Uniti).

4. INDIA (Produzione mineraria: 35.000 tonnellate) - L'India ha prodotto molta meno grafite rispetto ai primi tre paesi di questa classifica, ma è comunque il quarto produttore mondiale. La maggior parte delle riserve indiane (43 percento) si trovano nello stato di Arunachal Pradesh.

5. MOZAMBICO (Produzione mineraria: 20.000 tonnellate) - Il Mozambico ha fatto un grande salto nel 2018, passando da sole 300 tonnellate nel 2017 a 20.000 tonnellate lo scorso anno.

6. UCRAINA (Produzione mineraria: 20.000 tonnellate) - L'Ucraina ha prodotto la stessa quantità di grafite nel 2018 rispetto all'anno precedente. Il principale produttore del paese è la Zavalyevskiy.

7. RUSSIA (Produzione mineraria: 17.000 tonnellate) - Il paese prevede di aumentare significativamente la sua produzione nei prossimi anni, grazie a due nuovi progetti: Dalgrafit e Uralgraphite. Come per molti dei paesi in questo elenco, sono disponibili poche ulteriori informazioni sull'estrazione di grafite in Russia.

8. NORVEGIA (Produzione mineraria: 16.000 tonnellate) - La produzione norvegese è rimasta praticamente invariata tra il 2017 e il 2018. Molti dei depositi norvegesi si trovano in posizioni assai favorevoli, vicino al mare o alla rete elettrica.

9. PAKISTAN (Produzione mineraria: 14.000 tonnellate) - Il paese ha prodotto 14.000 tonnellate di grafite nel 2018, che è la stessa quantità dell'anno precedente. Anche nel caso del Pakistan, le informazioni sull'estrazione di questo minerale sono scarse.

Guardando invece la questione da un punto di vista di un investitore che volesse puntare sul settore, scegliere di farlo investendo su qualche società cinese potrebbe non essere una buona scelta, dal momento che la maggior parte delle aziende sono di proprietà statale e i crescenti problemi ambientali nel paese comportano un rischio assai elevato.

L'unica scelta che rimane è quella delle cosiddette junior companies occidentali, alcune delle quali potrebbero ritrovarsi come importanti fornitori della Gigafactory della Tesla Motors.

Infine una distinzione indispensabile per l'investitore ma non solo. Il termine grafite è piuttosto generico poiché raggruppa diverse forme di materiale, sia sintetico che naturale. Entrambi i tipi non hanno alcun rapporto tra loro, tranne per il fatto di essere entrambi chiamati grafite. Per non parlare dei mercati a cui fanno riferimento, completamente diversi tra loro.

Per molti, la differenza tra la grafite sintetica e la grafite naturale è del tutto sconosciuta ma, come vedremo, i due materiali sono piuttosto diversi ed è indispensabile conoscerli se si vuole comprendere il mercato nel suo complesso.

L'unico terreno dove c'è competizione tra la forma naturale e quella sintetica è nel mercato delle pastiglie dei freni

La grafite sintetica gioca un ruolo importante, anche se le sue applicazioni sono comunemente confuse con quelle della grafite naturale. L'unico terreno dove c'è competizione tra la forma naturale e quella sintetica è nel mercato delle pastiglie dei freni e in quello dei lubrificanti.

Tanto per sgomberare il campo da possibili equivoci, quando si fa riferimento al settore degli articoli sportivi (canne da pesca, racchette da tennis, mazze da golf, etc.), la grafite non c'entra nulla, ma viene semplicemente citata erroneamente, o peggio confusa, con la fibra di carbonio.

Di sintetica ne esistono di due tipi: anisotropico e isotropo. La prima, ottenuta da coke petrolifero (il cosiddetto petcoke), viene usata dei forni elettrici ad arco per la fusione dell'acciaio, la fusione del ferro e la produzione di ferroleghe. La seconda, viene usata nel settore dell'energia solare. Per entrambe, esiste un sottoprodotto, la grafite sintetica secondaria, sotto forma di granulare o di polvere.

La grafite sintetica primaria è usata per gli anodi delle batterie agli ioni di litio, anche se costa almeno il doppio di quella naturale. Quando poi viene impiegata per ottenere batterie con specifiche proprietà, per le quali servono forme ibride di materiale sintetico, i prezzi possono essere anche dieci volte maggiori, del tutto giustificati dal fatto che si tratta di un materiale di fascia alta, ottenuto con processi di trattamento termico molto speciali.

Molte delle batterie al litio di fascia alta, come quelle utilizzate nei veicoli elettrici, sono con grafite sintetica che offre il vantaggio di una qualità completamente sotto controllo. Ecco perché alcuni ritengono che quella naturale finirà per alimentare sempre di più il mercato della sintetica.

# Bibliografia

- Redazione, "Scoperta rivoluzionaria grazie ad una matita e nastro adesivo", 10/04/2013, www.metallirari.com

- Libei Huang, Siyu Xu, Zhaoyu Wang, Ke Xue, Jianjun Su, Yun Song, Sijie Chen, Chunlei Zhu, Ben Zhong Tang, Ruquan Ye. Self-Reporting and Photothermally Enhanced Rapid Bacterial Killing on a Laser-Induced Graphene Mask. ACS Nano, 2020; DOI: 10.1021/acsnano.0c05330

- Rebeca M. Torrente-Rodríguez, Heather Lukas, Jiaobing Tu, Jihong Min, Yiran Yang, Changhao Xu, Harry B. Rossiter, Wei Gao. SARS-CoV-2 RapidPlex: A Graphene-based Multiplexed Telemedicine Platform for Rapid and Low-Cost COVID-19 Diagnosis and Monitoring. Matter, Oct. 1, 2020; DOI: 10.1016/j.matt.2020.09.027

- Presentation #2610, "Towards a "green" antimicrobial therapy: Study of graphene nanosheets interaction with human pathogens," is authored by Valentina Palmieri, Massimiliano Papi, Francesca Bugli, Mariacarmela Lauriola, Claudio Conti, Gabriele Ciasca, Giuseppe Maulucci, Maurizio Sanguinetti and Marco De Spirito. It will be at 1:30 p.m. PT on Wed., March 2, 2016 in Room 501ABC of the Los Angeles Convention Center.

- Rouzbeh Shahsavari, Navid Sakhavand. Dimensional Crossover of Thermal Transport in Hybrid Boron Nitride Nanostructures. ACS Applied Materials & Interfaces, 2015; 150709153013004 DOI: 10.1021/acsami.5b03967

- Redazione, "Il mercato della grafite: guida per l'investitore", 6/11/2015, www.metallirari.com
- A. Avsar, H. Ochoa, F. Guinea, B. Özyilmaz, B. J. van Wees, I. J. Vera-Marun. Colloquium: Spintronics in graphene and other two-dimensional materials. Reviews of Modern Physics, 2020; 92 (2) DOI: 10.1103/RevModPhys.92.021003

## Indice generale

INTRODUZIONE............................................................................................3
UNA SCOPERTA STRAORDINARIA, QUASI PER GIOCO......................................5
LE NOSTRE VITE CAMBIERANNO....................................................................9
IL GRAFENE È COME LA PIZZA......................................................................11
IL POTERE DEL GRAFENE.............................................................................13
ENERGIA SOLARE.......................................................................................15
 GRAFENE CONTRO VIRUS E BATTERI (CORONAVIRUS COMPRESO) ............19
CHIP AL GRAFENE......................................................................................24
ELETTRONICA ULTRA VELOCE.....................................................................26
L'ELETTRONICA DEL FUTURO: LA SPINTRONICA.............................................28
STAMPA 3D...............................................................................................30
BATTERIE..................................................................................................32
IL GRAFENE BIANCO (h-BN 3D)....................................................................36
APPLICAZIONI PER LA NOSTRA VITA QUOTIDIANA.........................................38
DALLA SPAZZATURA AL GRAFENE................................................................42
LA MAMMA DEL GRAFENE: LA GRAFITE.........................................................44
Bibliografia...............................................................................................49

www.ingramcontent.com/pod-product-compliance
Lightning Source LLC
Chambersburg PA
CBHW071114220526
45467CB00004B/1875